CON GRIN SUS CONOCIMIENTOS VALEN MAS

- Publicamos su trabajo académico, tesis y tesina

- Su propio eBook y libro - en todos los comercios importantes del mundo

- Cada venta le sale rentable

Ahora suba en www.GRIN.com
y publique gratis

Automatización del sistema de recolección y reciclaje de basura en las playas

Jesus Uribe Martínez

Bibliographic information published by the German National Library:

The German National Library lists this publication in the National Bibliography; detailed bibliographic data are available on the Internet at http://dnb.dnb.de.

ISBN: 9783346332882
This book is also available as an ebook.

© GRIN Publishing GmbH
Nymphenburger Straße 86
80636 München

Print and binding: Books on Demand GmbH, Norderstedt, Germany
Printed on acid-free paper from responsible sources.

The present work has been carefully prepared. Nevertheless, authors and publishers do not incur liability for the correctness of information, notes, links and advice as well as any printing errors.

GRIN web shop: https://www.grin.com/document/972688

INSTITUTO TECNOLÓGICO SUPERIOR DE TIERRA BLANCA

MATERIA:

Fundamentos de Investigación

"Automatización del sistema de recolección y reciclaje de basura en las playas"

ING. Mecatrónica

1er Semestre

DOCENTE:

ALUMNOS:

Jesús Uribe Martínez

Tierra Blanca, Ver.   27 de noviembre del 2020

Resumen

En este ensayo se presenta un prototipo automatizado diseñado parta la recolección y reciclaje de basura en las playas. Controlado por una tarjeta Arduino Mega, encargada de controlar diferentes sensores que permiten hacer las tareas para las cuales está diseñado, como lo son sensores infrarrojos de proximidad, sensor de carga de batería, cámara para poder grabar lo que pasa, un GPS para localizar el dispositivo. Además, podrá conectarse a un dispositivo ya sea smartphone o Tablet vía bluetooth para brindar datos como batería restante, video captado por las cámaras y encendido-apagado del prototipo. Con un diseño basado en un sistema de ruedas de oruga, facilitando su movilidad en el terreno para el cual estará dedicada su tarea.

Cabe mencionar que el proyecto estará acompañado de un basurero inteligente, el cual tendrá la tarea de reciclar la basura que sea depositada por el sistema automatizado de recolección de basura, contando con sensores de llenado y separación de basura.

Palabras clave: Contaminación, Playas, Basura, Autonomía, Arduino Mega, Programación C++, Sensores, GPS, Diseño de Oruga, Contenedor Inteligente, reciclaje.

Índice

Contaminación del agua por basura

Se cree que el mayor problema de un país no está en la economía sino en el crecimiento de la contaminación ambiental, lamentablemente todo esto ha afectado a los mares y a toda la fauna que se encuentra dentro de él, y es por eso que hacemos énfasis en esto, ya que toda esa basura termina desembocando en los océanos o en las costas mexicanas, haciendo referencia que este país (México), ha sido caracterizado por sus bellas playas. Como lo menciona el autor:

> *"Ante el exceso de contaminantes que se observan en la actualidad, las aguas no han quedado exentas de abusos y accidentes, en las últimas décadas se ha observado un aumento respecto a la contaminación del agua, así como de accidentes e irresponsabilidades por partes de empresas e incluso de los propios habitantes del país". (Padilla & Ferman, 2019, p. 69)*

México es uno de los países que destacan por tener casi la mitad de todo tipo de especies marinas, una gran biodiversidad que lamentablemente año tras año empieza disminuir, un claro ejemplo de ello; son las ballenas, esto porque las aguas mexicanas cuentan con nueve de las once especies que existe en el mundo, anhelamos que esto disminuya, ya que toda la basura termina desembocando en los océanos y estos ejemplares lo adquieren creyendo que es alimento. Según el autor:

> *"Se encontró más basura plástica en el fondo del mar que flotando en la superficie del agua, puesto que los desechos eventualmente llegan a las playas y se hunden. Es desalentador observar basura plástica en el mar y aún más sabiendo que la mayor parte se encuentra en el fondo, fuera de la vista de las personas". (Rivera & otros, 2020, p. 13)*

La contaminación de mares a nivel mundial no es nada nuevo, pues han estado siendo contaminadas desde hace miles de años por culpa del hombre. Pero últimamente los estudios realizados muestran una degradación acelerada haciendo énfasis en las principales zonas costeras. Los principales contaminantes marítimos como lo son los residuos de plástico generan un gran peligro para muchas especies pues logran confundirlos   en comida generando pérdidas de especies y daños en el ecosistema marítimo, como lo menciona el siguiente autor:

"Los residuos sólidos como bolsas, espuma y otros desechos vertidos en los océanos, mares y playas desde tierra o desde barcos en el mar acaban siendo con frecuencia alimento de Mamíferos marinos, peces y aves que los confunden con comida, con consecuencias a menudo desastrosas. Las redes de pesca abandonadas permanecen a la deriva durante años, y muchos peces y mamíferos acaban enredados en ellas.". (Dimas & otros, 2016, p. 3.)

La basura que se acumula en nuestros océanos y mares es cada vez más y no solo en las zonas con población densa, sino que también en áreas muy lejanas donde no existe el contacto humano, estos residuos son transportados desde tierra a los mares atreves de los ríos, inundaciones o tormentas. Es imposible que sepamos cuanta basura hay ahora en nuestros océanos ya que las corrientes marinas los mueven continuamente, esta basura proviene de dos medios como mencionan los autores Fernández & otros (2020): *"Del total de basura marina, aproximadamente 80% es terrestre, mientras que solo el 20% proviene del mar, además cada segundo, se añaden 200 kg más de basura en nuestros océanos, que se resumen en 8 millones de toneladas anuales"* (p. 3)

En el año 2007 la Riviera Nayarit se volvió un lugar turístico, junto a esto tuvo muchas contras ya que llegaban muchos turistas, y aparte los residentes provocaban que las aguas recreativas no funcionarán bien ya que tenían aglomeraciones de aguas fecales, lo que provocó algunas infecciones gastrointestinales tanto en los residentes como en los turistas. Y esas aguas residuales llegan a las playas las cuales se contaminaban y lo cual afecta la naturaleza del lugar, como lo menciona el autor:

"La dependencia del gobierno federal encargada de los asuntos ambientales (Secretaría de Medio Ambiente y Recursos Naturales, SEMARNAT) refiere que la contaminación de las playas tiene origen en fenómenos naturales como las mareas rojas, lluvias, cambios climáticos inesperados y actividades humanas en las costas. También puede provenir de actividades realizadas por concentraciones urbanas que no cuenten con alcantarillado eficiente y tratamiento de aguas residuales. En las costas este problema es sobresaliente en la época de vacaciones donde tiene mayor afluencia turística, ya que los servicios que se ven saturados alcanzan agua del mar, las playas olas lagunas costeras, afectándolos condiciones sanitarias de las mismas. (Robles & Tovar, 2013, p. 13)."

Datos recabados

En la búsqueda de desechos tirados en playas se puede ver como de 21 tipos de basura se encontraron 20 en playa del norte, 14 en Playa Sur y cinco en Barra Galindo en el estado de Veracruz. Se encontraron desechos tales como botellas de vidrios, botellas de plástico y aluminio.

Tabla 1. Basura Orgánica y playas (Abad, 2019, p.29.)

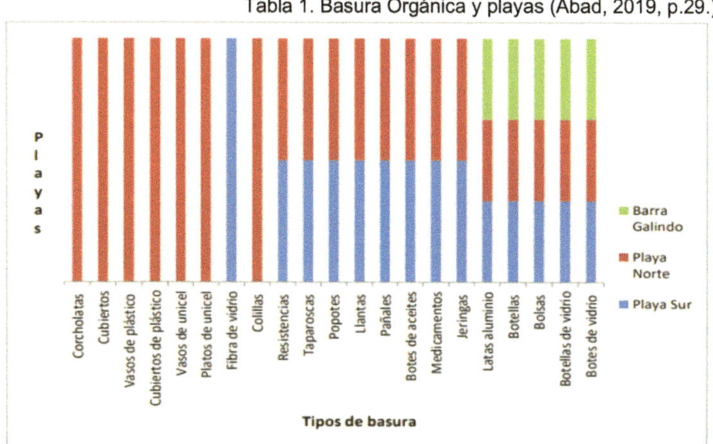

En la siguiente imagen se evaluaron diferentes playas, costas y océanos mostrando la cantidad de micro plásticos (trozos de botellas y utensilios de plástico o derivados) como su disolución en el agua y arena.

Tabla 2. Concentración de MP en diversos ambientes marinos

(Vásquez & otros, 2020, p.6)

Zona	Proporción de microplásticos (%)	Concentración de microplásticos en el agua	Referencia
Noreste del Océano Atlántico	89[1]	2.46 MP/m^3	[32]
Aguas polares árticas	95[2]	0-1.31 MP/m^3	[33]
Jade Bay, Mar del Norte Meridional	80[2]	Pellets: 1,770 MP/L Fibras: 650 MP/L	[34]
Costa Portuguesa	53[1]	1,289 MP/m^2 (en total)	[35]
Estuario del Yangtze y Mar Oriental de China	90[1]	Estuario: 500-10,200 MP/m^3 Mar: 0.030-0.455 MP/m^3	[36] [36]

En el siguiente gráfico se encuentra como la gente encuestada ve la basura en las playas, en la gráfica se pude observar el tipo de basura como el porcentaje de la que la gente deja en la playa.

Tabla 3. Razón por la cual los usuarios opinan que la playa es peligrosa (Rosas & otros, 2013, p. 179.)

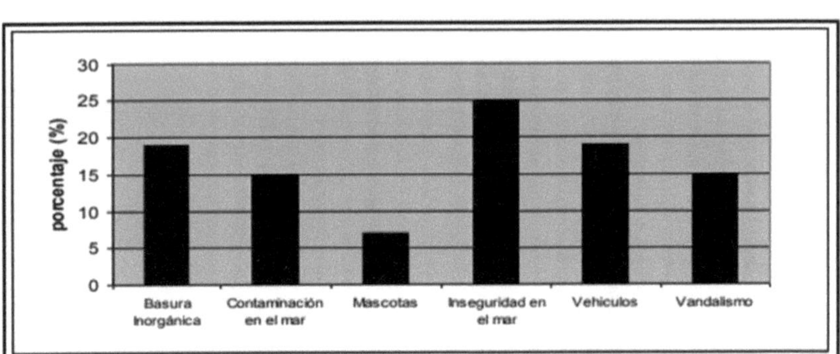

Consecuencias de la contaminación del agua por basura

La contaminación del agua por basura como consecuencia conlleva a dar una mala vista, ya que se ven playas llenas de basura y demás, pero no solo eso, en las especies marinas este problema se ve más grave ya que sufren daños al consumir estos desechos, llevando a la muerte a cientos de miles de mamíferos y aves con fragmentos de plásticos en su estómago, como lo menciona Segura y otros (2007):

> *"La existencia de residuos plásticos en los mares es más que un problema estético, pues representa un peligro para los organismos marinos que sufren daños por ingestión y atragantamiento. Se calculan en cientos de miles las muertes de mamíferos marinos al año por esta causa. En aves se determinó que 82 de 144 especies estudiadas contenían fragmentos de plástico en sus estómagos y en algunas especies hasta el 80% de los individuos los presentan." (p. 361.)*

Un ejemplo de la contaminación por basura en el agua es el que se vive en los manglares de Colombia en donde las poblaciones costeras se deshacen de sus desechos de una forma irresponsable y una de ellas es arrojándolos a los cuerpos de agua naturales provocando asi diferentes impactos negativos en el ecosistema, como lo mencionan los siguientes autores:

"La acumulación de basura marina en los manglares colombianos está asociada al inadecuado manejo de residuos municipales, ya que las poblaciones costeras disponen inadecuadamente el ~ 65% de sus residuos sólidos en botaderos a cielo abierto, quemándolos, enterrándolos en el suelo o arrojándolos a cuerpos de aguas naturales como los ríos y lagunas. Este tipo de contaminación marina genera diferentes impactos negativos en los ecosistemas (deterioro de la calidad del hábitat, introducción de especies invasoras, mortalidad y morbilidad de especies), en la salud humana (lesiones inflamatorias, enfermedades neurodegenerativas, trastornos inmunes y cánceres) y en la economía (incremento en los costos en la limpieza de basuras, pérdidas por daños en las embarcaciones, altos costos en control de especies invasoras)." (Garcés & Bayona,2019, p. 147)

La contaminación del mar y la sobreexplotación de sus recursos por la falsa idea de que estos son ilimitados ha provocado que se vea el agotamiento de los mares de diferentes maneras, como producto de los derrames de petróleo y la excesiva contaminación por basura, trayendo consigo diferentes consecuencias, que no solo afectan el ecosistema en sí, sino también a las personas ya que el mar es una fuente de grandes beneficios, como hace mención Marchant, (2009):

"La degradación de la basura por acción del mar al mar es un proceso a menudo muy lento que puede llegar a demorar centurias como sucede por ejemplo con la basura plástica que requiere siglos para degradarse. Mientras ello ocurre la amenaza sobre el ecosistema marino aumenta significativamente.
Como consecuencia de lo anterior los océanos muestran hoy signos evidentes de agotamiento. Así, por ejemplo, la depredación de los recursos pesqueros ha mermado de manera alarmante su existencia amenazando seriamente la sobre vivencia de especies, muchas de ellas únicas. Asimismo, el explosivo aumento del tráfico marítimo, los continuos derrames de petróleo ya sea por accidente o deliberadamente además de la basura que llega o es arrojada directamente al mar, mata millones de especies cada año degradando las aguas marinas, el fondo y el litoral disminuyendo ostensiblemente su facultad reguladora del clima y medio ambiente." (p. 9-10)

Disminuir la contaminación

Los más habitual es que las playas están expuestas a diferentes grados de contaminación o suciedad de tres orígenes distintos:

* Llegada desde el mar: por ejemplo; Maderas, cañas, algas, plásticos, animales muertos, etc.

* Llegada desde el aire: por ejemplo; hojas de plantas y árboles, plumas de aves, plásticos y papeles.

* Traída desde tierra por los visitantes: por ejemplo; botellas, plásticos, cigarrillos, cristales, trozos de ropa, zapatos, y restos de otros materiales de todo tipo, como lo dice Mercade (2019):

"En el tema de la limpieza de las playas turísticas hay que estar organizados para encontrar la solución; si bien lo que es más frecuente en las playas turísticas, es la suciedad y la contaminación traída por los visitantes". (p. 432)

Para ayudar a disminuir la contaminación, puede ayudar a conservarla en buen estado estos lugares con pequeñas acciones como poner la basura en los contenedores correctos y enseñar a las personas que usan los lugares recreativos costeros, sobre la conciencia ambiental y el impacto que puede tener en esos lugares, como lo menciona el autor Mara & otros. (2015): *"Para evitar los inconvenientes que genera la basura es importante que las áreas naturales permanezcan limpias, una manera de contribuir con esto es incentivar a los visitantes que no lo hacen para que arrojen sus residuos en los lugares adecuados." (p.47)*

Programación con C++

El lenguaje de programación C++, es el más conocido universalmente debido a su amplia información y aplicaciones en el mundo de la programación, y compite con los lenguajes de Microsoft y Java, cabe mencionar que para obtener un buen resultado es necesario dedicar tiempo al diseño y al análisis de los objetos, pero si se cuenta con un buen programador que facilite las tareas que se quieren realizar el esfuerzo aplicado en lo anterior mencionado dará su máximo rendimiento, he aquí el por qué este programa es mencionado en este proyecto debido a su uso en la programación de objetos. (Ceballos, 2007).

"Existen varios lenguajes que Permiten escribir un programa orientado a objetos entre ellos se encuentran C++. Se trata de un lenguaje de programación basado en el lenguaje C, estandarizado (ISO/IEC 14882:1998 – International Organization for Standardization/International Electrotechnical Commission) y ampliamente difundido. Gracias a esta estandarización y a la biblioteca escolar estándar, C++ se ha convertido en un lenguaje potente, eficiente y seguro, con características que han hecho dice C++ un lenguaje universal de propósito general ampliamente utilizado, tanto en el ámbito profesional como en el educativo" (p. 18)

El lenguaje C++ contiene características y herramientas que pulen a su antigua versión también utilizada, el lenguaje C, y lo más importante de esto es que proporciona capacidades para una programación orientada a objetos, y el usar una metodología de diseño orientada a objetos según lo descubierto por desarrolladores de software puede ser más productivo, y aplicar los lenguajes más actuales en vez de empezar por los anteriores es más útil ya que están más desarrollados (Harvey & Deitel, 2004):

"Los objetos, son esencialmente, componentes reutilizables del software que modelan elementos reales. Una revolución se está gestando en la comunidad del software. Escribir software rápida, correcta y económicamente es aún una meta escurridiza, en una época en la que la demanda de nuevo y más poderoso software se encuentra a la alza.

Los desarrolladores de software están descubriendo que utilizar una metodología de diseño e implementación modular y orientada a objetos puede hacer más productivos a los grupos de desarrollo de software, que mediante las populares técnicas de programación anteriores." (p. 9)

Características del C++

El lenguaje de programación C++, ocupa el primer lugar como programador de aplicaciones, debido a sus características como lo es su riqueza de operadores y expresiones, eficiencia, concisión y flexibilidad, y ya que ha eliminado dificultades y limitaciones de la versión anterior, el lenguaje C, estas características lo han llevado al lugar al que esta, ofreciendo una manera más fácil para la realización de las tareas de programación, además de ser portable, como lo menciona el siguiente autor:

"Los programas hechos en C++ son programas rápidos. Son portables, es decir, es relativamente fácil pasar un programa hecho en C++ desde un sistema a otro. Son flexibles, versátiles, se pueden realizar programas de todo tipo. Tiene características de lenguaje de alto y bajo nivel. Es un lenguaje compilado, y existen multitud de compiladores para C. He aquí algunos de ellos:

-Turbo C++

-Borland C++

-Dev C++

-DJGPP

-Visual C++".   *(Didact, 2005, p.12)*

Estructura de programación C++

La estructura de esta programación es muy sencilla, ya que se compone por un "encabezado", en el cual se encuentran las instrucciones del preprocesador, las cuales inician con un hashtag (#), seguido lo que incluye y después lleva el nombre de la librería a incluir (Garrido, 2006):

"La primera etapa consiste en un procesamiento previo, para que un programa (el preprocesador) analice la existencia de instrucciones especiales que se deben llevar a cabo antes de que el código entre en el compilador. Este tipo de instrucciones se denominan; directivos del preprocesador, y se distingue porque comienza con un carácter (#) al principio de la línea". (p. 22).

Otras partes de la estructura son:

- El "Using name space std", y en esta incluye todas las características de la librería estándar.

- La "Función Main", esta es la función principal que gobierna las demás funciones y es aquí donde empieza la ejecución del programa y por los cual es muy importante recalcar que solamente puede existir una Función Main. os "Bloques del programa", y esto consiste en un grupo lógico de declaraciones conectadas y rodeadas por llaves de apertura y también de cierre.

- La de "Sistema-Pause, se basa en hacer pausas como su nombre lo indica o también se le conoce como profesores que dan pausa a nuestro programa, ya que al ejecutarlo se genera un barrido tan rápido, que el programa inmediatamente se cierra y entonces para ellos es el" System-Pause" para dar una pausa al barrido y así poder visualizar en pantalla lo que se nos muestra.

- Y por último de la estructura es la parte de "Return 0" y la función de esta solamente es finalizar la función Main.

Mencionado por Xhafa & otros (2006):

" En C++ podemos poner comentarios a nuestro código usando barras al inicio de una línea; "//", con lo cual el compilador ignora el resto de la línea y nosotros la usamos para añadir comentarios, o bien enmarcando el texto que se quiera entre los símbolos de inicio de comentario; "/", y acabando con "*/", el programa puede incluir; //inclusión de la biblioteca de entrada /salida estándar, =Using namespace Std.*

Int main ()

*/*instrucción que se escribe por pantalla de texto indicado entre comillas y acabada haciendo un salto de línea */. Cout <<"¡Hola Mundo!" <<end/*

Return 0; //fin de la función main".   *(p. 50)*

Placa programadora Arduino

Arduino es un sistema de mono placas que están conformadas por microcontroladores, cuyo hardware es libre y de un fácil uso y costo, sin mencionar que es una de las placas flexibles y con gran relevancia para iniciar en la electrónica, su desarrollo es apto para personas inexpertas que van iniciando o profesionales como docentes, teniendo diseños sorprendentes. Arduino cuenta con muchas placas diferencia de otras marcas, estas son compatibles entre si dando una mejora en diseños y proyectos. Su código es abierto y muy fácil de utilizar, como menciona el autor:

"Los microcontroladores más habituales en la plataforma son los de la familia AVR de ATMEL, aunque algunas plataformas utilizan otros microcontroladores, ejemplo córtex M3 de ARM, de 32 bits.
Para facilitar su uso y programación se desarrolló simultánea y juntamente con la plataforma Arduino un IDE (entorno de desarrollo integrado), en el que se usa un lenguaje de programación parecido a C++, basado en el lenguaje Wiring 2, el entorno de desarrollo está basado en Processing 3. El IDE permite editar compilar y enviar el programa a la plataforma Arduino que se es té utilizando, así como comunicarse vía serie y mostrar los datos en una ventana terminal. La plataforma Arduino se comunica con el IDE mediante un programa cargador (bootloader), precargado en el microcontrolador de la plataforma Arduino. EL IDE es software libre y se puede descargar gratuitamente desde el sitio web oficial de Arduino 4.
Arduino se puede utilizar para desarrollar objetos interactivos, que pueden funcionar de forma autónoma, sin necesidad de estar conectados a un ordenador, o puede conectarse con otro software que se esté ejecutando en un ordenador, como por ejemplo Flash, Processing, Max/MSP, LabVIEW, MATLAB, entre otros 5.
Con Arduino se puede tomar información del entorno a través de sensores conectados a sus entradas analógicas y digitales, puede controlar luces, motores y otros actuadores directamente o partir de las señales de control generadas en sus salidas. Hay modelos de Arduino específicos desarrollados para facilitar llevar tecnología puesta (weareables), o en la ropa, e-textiles. Puede comunicarse con otras placas Arduino y con otros sistemas, mediante Wifi, Ethernet, Bluetooth, etc., esto permite también la interacción a distancia y el Internet de las cosas (IoT)". (Herrero, 2015, p. 4-5)

Arduino mega

Existen diferentes tipos de módulos Arduino en el mercado, todos tienen características diferentes, se puede elegir de acuerdo con las necesidades que requiera el proyecto, puede ser por su tamaño físico, por la capacidad de la memoria interna, por los puertos de entrada y salida, por su factibilidad para adaptarse con otros módulos, en este caso usaremos la paca Arduino mega por sus capacidades de puerto y memoria, como menciona el siguiente autor:

"La placa tiene una interfaz de entrada, que permite conectarse directamente a los periféricos, el objetivo de esta es transportar la información al microcontrolador que es la pieza encargada de procesar todos los datos. La interfaz de salida lleva la información procesada a los periféricos, estos son los destinados para hacer uso de la información recibida, en algunos casos se trata de otra placa por ejemplo una pantalla o un altavoz que son los encargados de mostrar la versión final de los datos." (Cañas, 2018, p.7-8)

A continuación, se muestra la figura la vista superior del Arduino Mega, el cual nos brinda diferentes estradas digitales en las cuales se pueden agregar diferentes módulos, los cuales ayudaran a potenciar el proyecto:

Figura 1: Parte superior del Arduino Mega (Peña, 2017, p. 46)

Puestos de Arduino mega 2560:

Para la elaboración de este proyecto se necesitará contar con una placa impresa de la familia Arduino, en este caso se ocupará la placa mega 2560 que es la placa de mayor tamaño y más potente de la familia Arduino, sin mencionar que es la que más contiene pines y puertos, como menciona el autor:

"Esta versión de la plataforma Arduino presenta un microcontrolador Atmega2560. Además, tiene 54pines, los cuales pueden ser usador como entradas o salidas digitales; de estos a su vez, 14 permiten realizar aplicaciones con PWM (Pulse Width Modulation). A estos 54 pines se suman 16 que funcionan como entradas análogas, 4 UARTS, un oscilador de 16MHz, conector USB, Jack de alimentación, conector ICSP, se integran todos estos componentes en una plataforma de 101.52x53.3 mm." (Casa & Quinaloa, 2018, p. 3-4)

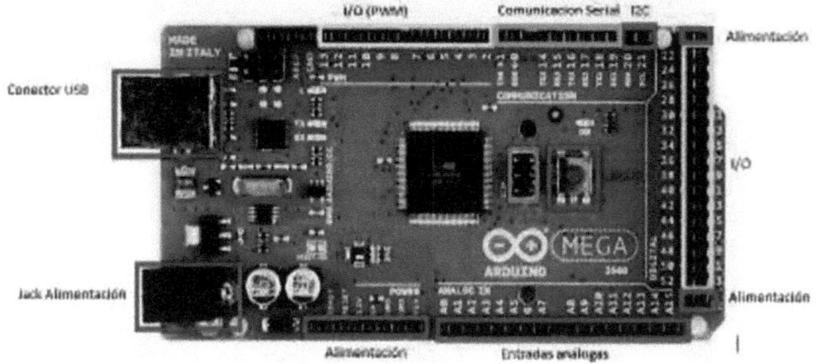

Figura 1.1: Distribución de pines de Arduino mega 2560
(Casa & Quinaloa,2018, p. 4)

Microcontrolador Atmega 2560 (Modulo Arduino Mega)

Las placas Arduino mega tienen la característica de ser compatibles con los adaptadores para Arduino uno y versiones anteriores lo siguiente son las características de la plataforma Arduino mega que se estará utilizando en este proyecto, como menciona el autor:

> *"El módulo Arduino, basado en el microcontrolador Atmega 2560, dispone de 54 pines digitales de entrada/salida, a su vez dispone de 14 pines como salidas PWM, 16 pines de entradas analógicas y 4 pines UART (Transmisor-Receptor Asíncrono Universal). Dispone de un oscilador de 16MHz, y una conexión USB, un conector de alimentación, un conector ICSP, y un botón de reset. La velocidad del microcontrolador está respaldada por un Cristal de 16 MHz y una memoria Flash de 256K, utiliza un rango de voltaje de entrada de entre 7 y 12 voltios, se recomienda una tensión de entrada no mayor de 12 Voltios. La comunicación entre la tarjeta Arduino y la computadora se enlaza mediante un puerto serial, este con un convertidor interno USB-SERIE, el cual no es necesario agregar ningún dispositivo externo para programar el microcontrolador." (Vizcarra, 2019, p. 15)*

Componentes y armado

Los componentes se conectan a la placa Arduino mega con la ayuda de controladores que va colocado sobre los pines de carga y cnd para el control de los motores de una forma óptima que, si estuvieran conectados directamente en la placa, así como la placa que monitorea los motores de manera lógica como una pequeña computadora, va conectada en los pines de estado digital, en este caso son los últimos cuatro dejando asi dos al final como menciona el autor:

"Para que el robot cumpla sus objetivos de movilidad, debe ser capaz de realizar las siguientes acciones: a) Desplazarse adelante y atrás; b) girar a la izquierda y a la derecha; c) no chocar con objetos. Estos movimientos se realizan a través del control de las 4 ruedas que posee el robot (Figura 4); en la cual se aprecian las conexiones lógicas entre la tarjeta Arduino y los motores. De esta forma, mediante comandos y posiciones lógicas, se logra el movimiento o desplazamiento deseado para el robot. Para evitar los choques, se implementaron dos sensores ultrasónicos HC-SR04, ubicados en la parte delantera y trasera. Estos siempre censan la distancia de los objetos y cuando esta es inferior a 10 cm, el carro frena automáticamente, evitando así que choque; si el usuario insiste en ir al frente sin tener espacio suficiente, simplemente el carro no avanza, de igual forma sucede con la reversa. Por último, para trasmitir video en tiempo real, se emplea una cámara USB convencional compatible con Linux; usando la aplicación MOTION, las imágenes captadas por este dispositivo se convierten y se transmiten mediante el puerto 8888. Esta App está configurada de tal manera que permite ver el video en tiempo real, facilitando al usuario el control del robot sin problemas o latencias a la hora de observar el entorno donde está ubicado." (Mármol & Henao, 2017, p. 180)

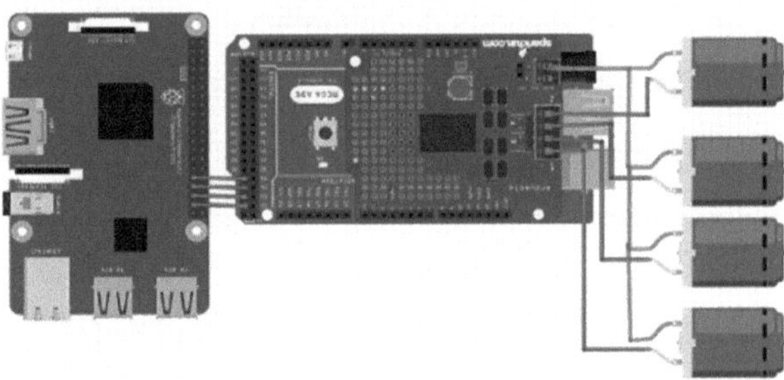

Figura 1.2: Tarjeta logica controladora de motrores
(Mármol & Henao, 2017, p. 180)

Conexión al Arduino vía Bluetooth

La conexión bluetooth se lleva a cabo para poder obtener datos del prototipo a distancia, como lo sería saber su distancia recorrida, ya que posteriormente el prototipo saldrá a las playas a recolectar basura, asi como también saber su nivel de carga. Estos datos se obtendrán gracias a esta conexión con un dispositivo y una aplicación, que brindara diferentes funciones, todo esto gracias a la EmbeddedSystem, como lo menciona Arcos & otros (2018):

"1. EmbeddedSystem: Es la clase principal responsable de definir las características y el tipo de conexion con Arduino. ´ Requiere un nombre, un puerto serie y una velocidad de transmision para establecer la conexi ´ on con el n ´ ucleo JFML. Tiene ´ asociada una lista de objetos EmbeddedVariable que representa la relacion entre las variables de la base de conocimiento y ´ los sensores/actuadores. Ademas, esta clase define un m ´ etodo ´ abstracto para crear un archivo ejecutable de acuerdo con los requisitos de diseno de la arquitectura de Arduino. Gracias a ˜ este archivo, un usuario puede ejecutar facilmente un SBRD ´ sin necesidad de tener conocimientos espec´ıficos sobre la arquitectura y el lenguaje de programacion de Arduino." (p. 235)

Aplicación para controlar Arduino

ArduinoDroid

Esta aplicación es muy fácil de utilizar además de que es gratuita de igual forma te permite compilar, editar y de igual forma se pueden cargar códigos a las placas de Arduino esto se puede hacer desde un smartphone y también se puede utilizar en una Tablet, esto se utilizará para ser encendido y apagado a distancia en caso de ser requerido o programarlo para que regrese por si solo en caso de una emergencia, asi como también se utilizara para saber en nivel de batería que tiene el prototipo y ver el video que brindan las cámaras instaladas en este, como menciona el siguiente autor:

"La aplicación ArduinoDroid es una alternativa útil para explotar la característica de portabilidad de las placas Arduino™ y sirve para realizar pruebas y prácticas sin depender de un PC con su respectiva IDE, solo se requiere la interconexión correcta de los cables para llevar a cabo dicha tarea. La herramienta ArduinoDroid no trabaja con todas las posibles tarjetas de desarrollo que maneja la marca, solo puede usar una determinada cantidad de tarjetas. A diferencia de otras marcas, cuyas tarjetas tienen capacidades en cuanto a hardware y por lo tanto también software, Por lo tanto, se descarta la capacidad de uso de esta aplicación para más sectores". (Aparicio & otros, 2020, p. 1)

Objetos extras al Arduino para el proyecto

Para lograr una detección de basura se necesita conocer de sensores, los sensores que se piensan utilizar son sensores infrarrojos de proximidad, cámara para poder grabar lo que pasa, un GPS para localizar el dispositivo y un mini motor de corriente directa.

Para el proyecto se necesita un sensor infrarrojo para poder identificar paredes, sillas o posibles obstáculos con los que nuestro proyecto pueda interactuar, Como lo menciona Llamas. (2016): *"Un detector de obstáculos infrarrojo es un dispositivo que detecta la presencia de un objeto mediante la reflexión que produce en la luz. El uso de luz infrarroja (IR) es simplemente para que esta no sea visible para los humanos." (p. 1)*

Igualmente se necesita una cámara para poder grabar o ver en donde y como se encuentra el dispositivo, en caso de algún robo para poder identificar al presunto autor del robo. Para ello mismo también se ocupará un GPS (Modulo GPS Gy-neo6mv2) para poder ubicar en todo momento el dispositivo, fue elegido por su consumo y costo como lo menciona Llamas. (2016): *La familia de receptores GPS NEO-6 están diseñados para tener un pequeño tamaño, pequeño coste, y pequeño consumo. La intensidad de corriente necesaria es de unos 37mA en modo de medición continuo." (p. 3)*

En caso de elegir un Mini Motor De Corriente Directa se elegiría por su poca capacidad de consumo, un buen enfriamiento y poca perdida de potencia en el mismo. Generando así un menor consumo de batería a la hora de utilizar mini motores de corriente directa, como lo indica el siguiente autor:

> *"Tienen varias ventajas respecto al tipo de campo devanado. Por ejemplo, no se necesitan las alimentaciones de energía eléctrica para excitación ni el devanado asociado. Tienen mejor confiabilidad, ya que no existen bobinas excitadoras del campo que fallen y no hay probabilidad de que se presente una sobre velocidad debida a pérdida del campo. También se mejoran la eficiencia y el enfriamiento por la eliminación de pérdida de potencia en un campo excitador. Así mismo, la característica par contra corriente se aproxima más a lo lineal".* (Rivera, 2018, p.33)

Para lograr identificar los desechos se ocupará un sensor 3D Kinect, principalmente fabricada para la consola Xbox 360, y con un código personalizado lograr detectar desechos. Ya que contiene la información y la programación identificada. Como lo menciona el autor:

> *"El sensor Kinect es capaz de capturar el mundo que lo rodea en 3D mediante la combinación de la información obtenida de la cámara RGB y del sensor de profundidad. El resultado de esta combinación es una imagen RGB-D (color + profundidad) con una resolución de 320x240, donde a cada uno de los pixeles se le asigna una información de color y de profundidad".* (Nuño, 2012, p.30)

En el proyecto se incluirán otros componentes como cámaras y sensores ultrasónicos para mejor movilidad y control de la unidad, así como laser para la detección de objetos, estos irán conectador a la placa Arduino mediante los pines que se encuentran en ella o conectado mediante sliders, como menciona el autor:

> "El sistema que controla el movimiento del carro es el giroscopio "mpu6050" mostrado en la figura (número de figura), el cual permite que el agricultor al girar su muñeca a ciertos grados mueva el carro por la trayectoria deseada y a la vez pueda recibir los datos en una pantalla LCD. El carro se controla remotamente mediante una conexión inalámbrica, usando el modelo de bluetooth "HC-05" mostrado en la figura (número de figura), el cual cuenta con un alcance de 20 metros, permitiendo controlar el carro desde una distancia confortable sin perder la conexión." (Masapanta & Patricio, 2018, p.88-89)

Evolución del diseño de un sistema de recolección de basura utilizando manufactura aditiva en un robot limpiador de playa

Por la alta contaminación en las playas de México se llevaron a cabo prototipos de robots limpiadores de playas esto con la finalidad de reducir la contaminación en dicho lugar ya que la contaminación de playas es un factor del calentamiento global pero la creación de estos prototipos tienen sus contras ya que no puede ser un prototipo confiable por su función pueden sobrecalentarse por la fricción de sus partes y pueden descomponerse y tener perdidas de robots y pérdidas de capital para poder reemplazarlo por otro robots descompuestos ya que el calor de las playas le afectaría y se sobrecalientan las partes y se tendría que buscar que el robots no pesara tanto para su mejor movilidad y no se calentaría demasiado, como lo menciona Aguilera. (2019)

> "Los prototipos de robots limpiadores de playa desarrollados en 2013-2015 (figura 1 -4) poseen un diseño mecánico con algunos problemas de fricción. Estos problemas repercuten en la práctica, ya que no permite una recolección de basura confiable. Los mayores inconvenientes, su peso y la fricción, que provocan fatiga y demandan mayor esfuerzo en los movimientos y consumo de energía. "Por esta razón es necesario el diseño de un mecanismo compacto y adaptable al sistema de recolección". (p.24)

Diseño del prototipo

Para lograr una buena distribución del peso, ahorro en energía y evitar posibles estancamientos por culpa de la arena se propone utilizar un sistema de ruedas con orugas, muy parecidas a las que utilizan los tanques convencionales, como menciona el autor:

"Una alternativa interesante a las ruedas y las patas para terrenos poco compactos son las orugas. Este sistema de locomoción hace uso de pistas de deslizamiento, lo que implica una mayor área de contacto con el terreno, y por tanto supone una mejor maniobrabilidad y tracción que las ruedas y una movilidad superior a la que ofrecen las patas." (Gonzales & otros 2015, p.3)

El diseño de esta peculiar forma de movimiento está conformado por ruedas de transición; delantera y trasera, oruga, rodillo de retorno, rodillo tensor, entre otros. Sin embargo, no se puede dejar de lado la posible opción de incorporar más mecanismos para mejorar el dispositivo. Mencionado por el siguiente autor:

"Consiste básicamente en un conjunto de eslabones modulares que permiten un desplazamiento estable aun en terrenos irregulares. La mayoría de las orugas forman parte de un cinturón flexible con un conjunto de eslabones rígidos unidos unos a otros fuertemente. La función principal de dichos eslabones es la de ayudar al vehículo a distribuir el peso en una superficie mayor en comparación con el empleo de ruedas, y esto se traduce en que pueda moverse por un número mayor de superficies sin hundirse debido a su propio peso y a más de ello ganar tracción por el mayor espacio de superficie en contacto, convirtiéndose en un vehículo todo terreno." (Silva & Brito 2013, p.4)

Al utilizar un sistema de movimiento por orugas de goma genera una mayor tracción y de igual forma, al ser una oruga de goma evitaría que la arena entre en los engranajes protegiéndolos más que si se tratara de una de metal, como lo menciona González (2017): *"Los robots tipo oruga de todo terreno, integran bandas laterales para su desplazamiento, ofreciendo una mejor tracción que los robots de ruedas, especialmente en terrenos no estructurados como son la arena y la grava"* (p. 146)

También debe mencionarse que se obtendrá un mayor ahorro de energía pues con solo 2 motores sería capaz de generar una velocidad y autonomía suficiente, claramente sin definir el voltaje de las baterías pues puede variar conforme el prototipo sea armado.

El prototipo contara con una programación en Arduino que detectara si este atasca, y buscara una forma de salir del problema, o en caso de que no se pueda salir del atasco, ya que cuenta con un sistema GPS donde se puede observar si esta estático por mucho tiempo y asistir a su ayuda, la programación ayudara a que busque una solución por cuenta propia, como lo menciona el autor:

> "La programación para la detección de atasco es bastante directa. En esencia, consiste en un autómata finito con dos estados primarios: Exploración y escape. Durante el estado de exploración, el detector de atasco se comprueba continuamente para determinar si hay una condición de atasco. Esto se hace muy fácil: se cuentan las transiciones de señal durante un intervalo pequeño, como por ejemplo 5 segundos. Si durante ese tiempo la cuenta desciende por debajo del valor previsto, o es cero, entonces se determina una condición positiva y se dispara el estado de escape del atasco. Para escapar de la condición de atasco, la idea general es invertir la dirección del avance por un pequeño tiempo y girar a un lado." (Schur, 2007, p. 14)

En dado caso de que el prototipo llegara a atascarse en la arena este contaría con un poderoso motor S330114 DC REDUCTOR 12V 81 RPM, con un aproximado de 81 revoluciones por minutos en vacío y un consumo de 195 mA.

Para la recolección de la basura, el prototipo contara con un brazo que empujara la basura a su vez recolectándola, para proseguir enviándola a la parte trasera del prototipo. en donde estará un contenedor, el cual tendrá un sensor que detecte cuando allá alcanzado su máxima capacidad y regresará al contenedor inteligente de reciclado para depositar la basura recogida, para esto se usará la estrategia del robot Fegen, como lo menciona Sandria & otros (2004):

> "4.2.1 Estrategia de limpieza. El robot Fegen (del alemán barrer, barredor) fue diseñado para funcionar como una escoba, empujando la basura. Para poder empujar la basura sin que se escapara por los lados, la parte delantera, donde se acumulaba la basura se diseñó en forma de C cuadrada." (p. 14)

La energía que se le brinda al motor debe ser bien suministrada y contar con controles de apagado completo del motor para que la energía no se desperdicie al no usarse, y asi reducir el consumo de energía, además, la debe ser lo más exacta a lo que este requiere, ya que de esta depende su rendimiento, como menciona Vaquero, N. (2018): *"El rendimiento de un motor eléctrico es la relación entre la potencia mecánica de la salida útil en el eje, y la potencia eléctrica de entrada en los bornes de alimentación del motor." (p. 6)*

Al hablar sobre la batería se tienen ciertos criterios sobre la misa, esta debe de ser una batería potente con una buena capacidad de almacenamiento y que claramente sea recargable. Todo esto para evitar gastos innecesarios en la compra continua de pilas, sin mencionar la contaminación que esta genera, pues muchas veces no se aplica una buena eliminación y son tiradas con el resto de basura, como menciona Gonzales & otros (2005):

> *"Hoy en día el hombre utiliza cada vez más aparatos electrónicos para "facilitarse" la vida, dichos dispositivos funcionan a base de pilas y/o baterías, las cuales después de completar su período de vida útil, son arrojadas al basurero sin recibir un tratamiento adecuado" (p. 1)*

Sistema monitoreo inalámbrico de bancos de baterías utilizando en Arduino Mega 2560

Este sistema se hace para que el prototipo tenga un mejor rendimiento ya que por los cambios climatológicos que presentan las playas continuamente se debe tener un monitoreo remoto para poder obtener información de las baterías ya que si disminuye la energía de la batería pueda monitorearse y que el dicho prototipo no quede varado en las playas con riesgo de sufrir fallas por el salitre, como lo menciona el siguiente autor:

> *"Debido a que el banco de baterías no cuenta con un medidor de variables como voltaje, temperatura, corriente y humedad relativa. Es una parte importante del sistema de respaldo de energía de la central de comunicaciones, se decidió implementar un sistema de monitoreo remoto que permita medir los parámetros de energía y condiciones climáticas para mejorar la confiabilidad del sistema de respaldo de energía. El informe cuenta con una investigación aplicada para el diseño del sistema de monitoreo, en el cual mediante estudios experimentales se implementaron medidores y sensores que no interfieren con el funcionamiento del banco de baterías y permiten tener una información en tiempo real mediante un Protocolo de Transmisión TCP/IP". (Vizcarra, 2019, p. 4)*

Contenedor de basura inteligente

Este proyecto de contenedor inteligente sería muy útil para poder ayudar al medio ambiente ya que cuenta con sensores que automáticamente depositarán la basura en el contenedor que corresponda, este prototipo se puede programar con sensores inductivos ya que estos sensores son capaces de detectar cualquier material como podría ser el aluminio y de esa manera depositarlo en el lugar que corresponde, y esto puede ayudar para reciclar más fácil los desechos ya muchas personas no tienen la cultura de depositar la basura en el contenedor que corresponde, si no solo la depositan en cualquier contenedor y hacen que el reciclaje de la basura sea más difícil para las empresas recicladoras. Este contenedor se hace con el fin de poder facilitar la separación de basura orgánica e inorgánica, de igual manera, se reducirían costos en la manufactura de separación de basura. El objetivo de este prototipo es mejorar la calidad de las playas o ciudades que se ubican en costas para que la basura no llegue a las playas, ni a los océanos y así tener un mejor ecosistema y que los turistas puedan disfrutar de su estadía en esos lugares (Fernández & otros).

> *"El objetivo del proyecto de un contenedor inteligente es lograr contribuir significativamente a nuestro medio ambiente dentro de nuestra institución y en la sociedad de una manera positiva. En la actualidad el trabajo de separar la basura es dejado al criterio de cada persona, por lo cual es inevitable que diferentes materiales se mezclen entre sí, porque desgraciadamente nuestra cultura no es así, complicando el trabajo que se realizará en empresas recicladoras al tener que invertir tiempo y recursos en este proceso los cuales consideramos podrían ahorrarse". (p. 202)*

Este proyecto ayuda a disminuir la contaminación de las playas y evitar la contaminación al medio ambiente, se realiza con sensores y este tiene la labor de monitorear la cantidad de desecho que tiene el contenedor también en su programación cuenta con un Arduino Fio, cuya función es monitorear a distancia si se encuentra basura en las playas que recorre. En este proceso influye el sonido y mediante esto se puede calcular a qué distancia se encuentra el desecho el cual va a ser levantado por el prototipo, de igual forma se cuenta con el módulo LoRa WAN el cual se utiliza para mandar los datos por la red LoRa cuya red es un transmisor de información inalámbrica el cual es útil para el prototipo con este prototipo se puede ahorrar energía ya que su consumo es mínimo (Quintana, 2017).

> *"El resultado de este proyecto es la creación de un sensor de llenado para los contenedores inteligentes de las nuevas Smart Sities. Este sensor está destinado a ofrecer información continua y sin cables sobre el nivel de desechos del interior de las grandes papeleras. El producto final permite realizar un trayecto de recogida de residuos más corto. Así se consigue ahorrar tiempo de recorrido, dinero en combustible y se consigue contaminar menos". (p. 13)*

Conclusión

Conforme a las investigaciones realizadas tenemos que como ejemplo que Acapulco es de las playas más contaminadas de México esto debido a la alta contaminación, para mejorar el estado de las playas, así como comportamiento de los turistas y la población en general se dará información acerca del cuidado de las playas y como la contaminación pude afectarnos en gran manera, para ello se llevarán a cabo la implementación de carteles, visos y persal de apoyo para un óptimo cuidado de las playas.

Para poder evitar la contaminación excesiva se tiene planteado un prototipo el cual reducirá la contaminación el cual contará con un sistema automatizado de recolección y reciclaje de basura, esto contribuirá en las playas a disminuir la contaminación, que es un problema que está afectando gravemente el ecosistema marino, como ya se mencionó anteriormente, debido a la mala educación ambiental de los turistas. Y gracias el diseño que se tiene planeado, se espera tenga una buena movilidad en el terreno en el cual estará realizando su tarea.

Las pruebas y construcción del prototipo quedan pendientes por falta de tiempo y debido a la pandemia los proveedores de las piezas son pocos, por tanto, las pruebas no se realizarán, pero se espera un correcto funcionamiento en el futuro.

Fuentes consultadas

Abad, M. (2019), "Diagnóstico del impacto ambiental de las actividades antropogénicas en la playa de Tuxpan, Veracruz", Universidad Veracruzana. Obtenido en la Red Mundial el 1 de octubre del 2020, https://cdigital.uv.mx/bitstream/handle/1944/49998/AbadAguilarIrving.pdf?sequence=1&isAllowed=y

Aguilera, H, Martha, I, Nishiyama, G, Diana, S, Alejandro, R, Gustavo E. (2019), "Evolución del diseño de un sistema de recolección de basura utilizando manufactura aditiva en un robot limpiador de playa" Revista de Ingeniería Tecnológica. 2019.Vol. 3 No.11, p. 23-28

Arcos, F.J., Soto, J.M., Vitiello, A., Acampora, G & Alcalá, J., (2018), "Nuevo Módulo de Conexión Inalámbrico vía Bluetooth con Arduino en la Librería JFML", CAEPIA 2018. Obtenido en la red mundial el 26 de noviembre de 2020. http://hallsi.ugr.es/temp/CAEPIA2018/web/docs/CAEPIA2018_paper_153.pdf

Aparicio, J., Llorente, D., & Ramírez, E., M. (2020), "Programando Arduino Desde Un Dispositivo Móvil Utilizando La Aplicación Arduinodroid", Instituto Politécnico Nacional. Obtenido en la Red Mundial el 26 de noviembre de 2020, http://www.boletin.upiita.ipn.mx/index.php/ciencia/850-cyt-numero-76/1781-programando-arduino-desde-un-dispositivo-movil-utilizando-la-aplicacion-arduinodroid

Cáceres, M. A., Flores, R., Méndez, V., Matamoros, E., Orellana, C., Vaquero, N., Quintanar, F. & Unidad de Comunicaciones CNE. (2018), "Eficiencia de Motores Eléctricos". Revista El Salvador Ahorra Energía, 9ª Edición, p. 1-51

Cañas, M. (2018), "Prototipo de impresora 3D con Arduinomgf para producir prótesis no ortopédicas", Universidad Israel. Obtenido de la Red Mundial 29 de octubre de 2020, http://157.100.241.244/handle/47000/1565

Casa Cabezas, E. P., & Quinaloa Ramírez, A. R. (2018), "Construcción de módulos con bluetooth, motores y sensores utilizando Arduino MEGA para el Laboratorio de Microprocesadores de la ESFOT", Escuela Politécnica Nacional. Obtenido de la Red Mundial el 26 de noviembre de 2020,https://bibdigital.epn.edu.ec/bitstream/15000/19863/1/CD-9273.pdf

Ceballos, J. (2007), "Programación orientada a objetos con C++. 4° edición", Editorial RA-MA. Obtenido de la Red Mundial, 29 de octubre del 2020, https://books.google.es/books?hl=es&lr=&id=9q4-DwAAQBAJ&oi=fnd&pg=PT6&dq=lenguaje+de+programaci%C3%B3n+c%2B%2B&ots=T5pzq5EDnC&sig=5l6etroI7UNYg_72kmPMcYdHF4k#v=onepage&q=lenguaje%20de%20programaci%C3%B3n%20c%2B%2B&f=false

DIDACT S.L. (2005), "Manual de Programación Lenguaje C++", Editorial MAD. Obtenido de la Red Mundial, 29 de octubre del 2020, https://books.google.es/books?hl=es&lr=&id=py9NgRWWZE4C&oi=fnd&pg=PA11&dq=programaci%C3%B3n+c%2B%2B&ots=Vmy7kN9A6m&sig=loTo1h85gWAihmbjC5gPUoF3tic#v=onepage&q=programaci%C3%B3n%20c%2B%2B&f=false

Dimas, J., Ortiz, D. & Ortega, G. (2016), "Contaminantes en el agua de la playa manzanillo de acapulco, guerrero y la opinión de los turistas". RuIIEc Obtenido en la Red Mundial el 1 de octubre del 2020, http://ru.iiec.unam.mx/3220/1/015-Dimas-Ortiz-Ortega.pdf

Fernández, I., Cortes, C. & Allo, M. (2020), "Opciones estratégicas ante la contaminación marina. Análisis de las preferencias de los ciudadanos en el norte de Galicia (España)", ProQuest. Obtenido en la Red Mundial el 1 de octubre del 2020, https://search.proquest.com/docview/2444521697?pqorigsite=gscholar&fromopenview=true

Fernández, J, José, L, Bandala, M, Erika, A. (2014), "Innovación de un contenedor de basura inteligente", Revista de Investigación, 2014, Vol.1, p. 1-216

Garcés, O. & Bayona, M. R. (2019, 7 de noviembre), "Impactos de la contaminación por basura marina en el ecosistema de manglar de la Ciénaga Grande de Santa Marta, Caribe colombiano", REVMAR, vol. 11, p. 145-165. Obtenido en la Red Mundial el 1 de octubre del 2020, https://www.revistas.una.ac.cr/index.php/revmar/article/view/revmar.11-2.8/18401

Garrido Carillo A. (2006), "Fundamentos de programación en C++", Facultad de informática Universidad de Granada. Obtenido de la Red Mundial, 29 de octubre del 2020, https://books.google.es/books?hl=es&lr=&id=OC17arE5xukC&oi=fnd&pg=PA2&dq=info:V8reFcSQtJoJ:scholar.google.com/&ots=pwhPulEpxw&sig=6PmZkYrjGX8hdxeT3OTcqDJttZM#v=onepage&q&f=false.

Gonzales, M. López, L. Cruz, A. (2005), "Estudio de la Lixiviación de Baterías Recargables de Dispositivos Electrónicos" Universidad Autónoma del Estado de Hidalgo. Obtenido en la Red Mundial el 26 de noviembre del 2020, https://www.uaeh.edu.mx/investigacion/productos/6440/extenso_cio_miguel.pdf

Gonzáles, R. Rodríguez, F. Guzmán J. (2015), "Robots Móviles con Orugas Historia, Modelado, Localización y Control" Departamento de Informática. Universidad de Almería. Obtenido en la Red Mundial el 26 de noviembre del 2020, https://core.ac.uk/download/pdf/82537798.pdf

Gonzáles, U. Rubio, E. Sossa, J. (2017), "Visión por computadora en un robot móvil tipo oruga", Instituto Politécnico Nacional, Centro de Investigación en Computación. Obtenido en la Red Mundial el 26 de noviembre del 2020, https://www.rcs.cic.ipn.mx/2017_135/Vision%20por%20computadora%20en%20un%20robot%20movil%20tipo%20oruga.pdf

Harvey, M., & Deitel, P. J. (2004), "Cómo programar en C/C++ y Java", Editorial DEITEL. Obtenido de la Red Mundial, 29 de octubre del 2020, https://books.google.es/books?hl=es&lr=&id=sWjcMGUAnXwC&oi=fnd&pg=PA1& dq=c%2B%2B++&ots=ydC1RtCFGD&sig=OKvNL8cbybLoJkcfNemEh9dhkWY#v =onepage&q=c%2B%2B&f=false

Herrero, J. C. (2015), "Una mirada al mundo Arduino", Revistas electrónicas de la Universidad Alfonso X el Sabio. Obtenido de la Red Mundial el 29 de octubre del 2020, https://revistas.uax.es/index.php/tec_des/article/view/617

Llamas, L. (2016), "Detector de obstáculos con sensor infrarrojo y Arduino", Ingeniería, Informática y Diseño. Obtenido en la Red Mundial el 29 de octubre del 2020, https://www.luisllamas.es/detectar-obstaculos-con-sensor-infrarrojo-y-arduino/

Llamas, L. (2016), "Localización GPS con Arduino y los módulos GPS NEO-6", Ingeniería, Informática y Diseño. Obtenido en la Red Mundial el 29 de octubre del 2020, https://www.luisllamas.es/localizacion-gps-con-arduino-y-los-modulos-gps-neo-6/

Mara, A., Barbera, I., Renison, D. & Barrí, F. (2015)," Conservación de un área protegida con uso recreativo: ¿Se puede lograr que los visitantes dejen menos basura?", Asociación Argentina de Ecología. Obtenido en la Red Mundial el 1 de octubre del 2020.   https://ri.conicet.gov.ar/handle/11336/7943

Marchant, J., (2009), "Investigación sobre la contaminación del mar por basura de naves de crucero en la bahía de Valparaíso años 2002-2009" FLACSO Andes. Obtenido en la Red Mundial el 1 de octubre del 2020, http://200.41.82.22/handle/10469/6573

Mármol, J. J. L., & Henao, J. A. V. (2017, 25 de abril), "Diseño y desarrollo de un prototipo robótico con Orange PI", Revistas Unisimon, vol. 5(2), p. 174-188. Obtenido de la

Red   Mundial   el   26   de   noviembre   de   2020,
http://revistas.unisimon.edu.co/index.php/innovacioning/article/view/2760/3110

Masapanta, C., & Patricio, M., (2018), "Prototipo de impresora 3D con Arduino para
producir prótesis no ortopédicas", Universidad Israel. Obtenido de la Red Mundial:
http://157.100.241.244/handle/47000/1565

Mendoza, T., Augusto, G., Cavero, V. & Italo, S., (2019), "Diseño e implementación de un
sistema monitoreo inalámbrico de bancos de baterías utilizando en Arduino Mega
2560", Universidad Tecnológica de Perú. Obtenido de la Red Mundial el 26 de
noviembre de 2020, http://repositorio.utp.edu.pe/handle/UTP/2544

Mercade, S (2019), "La forma correcta de proceder con la limpieza de las playas turísticas
y el levante del sargazo", Repositorio.cuc. Obtenido en la Red Mundial el 1 de
octubre   del   2020,
http://repositorio.cuc.edu.co/bitstream/handle/11323/6087/La%20forma%20corre
cta%20de%20proceder%20con%20la%20limpieza%20de%20las%20playas%20t
ur%c3%adsticas%20y%20el%20levante%20del%20sargazo.pdf?sequence=1&is
Allowed=y

Nuño, J. (2012), "Reconocimiento de objetos mediante Sensor 3D KINECT", Universidad
Carlos III de Madrid. Obtenido en la Red Mundial el 29 de octubre del 2020,
https://earchivo.uc3m.es/bitstream/handle/10016/16917/TFG_Javier_Nuno_Simo
n.pdf?sequence=2&isAllowed=y

Padilla, F. & Ferman, F. (2019), "Contaminación ambiental en México: Responsabilidad
política y social", Revista Cadena de Cerebros, vol. 3, p. 64-72. Obtenido en la Red
Mundial el 1 de octubre del 2020, https://www.cadenadecerebros.com/single-
post/ART-RE-31-01

Peña, C.(2017), "Arduino-De Cero a Experto: Proyectos Prácticos-Electrónica, hardware
y programación", RedUsers, Obtenido de la Red Mundial el 29 de octubre de 2020,

https://books.google.com.mx/books?hl=es&lr=&id=8PiEDwAAQBAJ&oi=fnd&pg=
PA11&dq=+proyectos+con+arduino+mega&ots=KqsgKOuOXK&sig=7jUaHjWVbe
shv4Z4QQBDFb6YpbY&redir_esc=y#v=onepage&q=proyectos%20con%20ardui
no%20mega&f=false

Quintana, I, C. (2017), "Recogida Inteligente De Desechos Urbanos Mediante Una
Solución LOT", Escuela Técnica Superior De Ingeniería (ICAI) Grado En Ingeniería
Telemática. Obtenido en la Red Mundial el 29 de octubre del 2020,
https://repositorio.comillas.edu/xmlui/bitstream/handle/11531/26104/TFG001575.
pdf?sequence=1&isAllowed=y

Rivera, L. (2018), "Módulo de prueba con servomotores, motores paso a paso, motores
de corriente directa utilizando tarjeta raspberry pi para mejorar el desarrollo de las
prácticas de robótica", Universidad Estatal Del Sur De Manabí Facultad De
Ciencias Técnicas, Obtenido en la Red Mundial el 29 de octubre del 2020,
http://repositorio.unesum.edu.ec/bitstream/53000/1486/1/UNESUM-ECU-
REDES-2017-18.pdf

Rivera, O.O., Álvarez, L., Rivas, M., Garelli, O., Pérez, E. & Estrada, N. (2020), ¨Impacto
de la contaminación por plástico en áreas naturales protegidas mexicanas¨.
Greenpeace México. Obtenido en la Red Mundial el 1 de octubre del 2020,
https://www.researchgate.net/profile/Lorenzo_AlvarezFilip/publication/344076185
_Impacto_de_la_contaminacion_por_plastico_en_areas_naturales_protegidas_m
exicanas/links/5f512b00458515e96d2ae4e9/Impacto-de-la-contaminacion-por-
plastico-enareas-naturales-protegidas-mexicanas.pdf.

Robles, F. J. y Tovar, S. R. (2013), "Impacto socio-económico de la calidad del agua en
playas: caso de estudio Riviera Nayarit". Universidad Autónoma de Nayarit.
Obtenido en la Red Mundial el 1 de octubre del 2020,
http://dspace.uan.mx:8080/jspui/handle/123456789/1182

Rosas, R., Espejel, L., Cervantes, O. & Ferrer, A. (2013), "La percepción de la playa como un elemento importante para la certificación de playas limpias. ejemplo de ensenada, baja california, México", ResearchGate. Obtenido en la Red Mundial el 1 de octubre del 2020, https://www.researchgate.net/profile/Omar_Cervantes/publication/266307382_La _percepcion_de_la_playa_como_un_elemento_importante_para_la_certificacion _de_playas_limpias_Ejemplo_de_Ensenada_Baja_California_Mexico/links/542c0 6450cf27e39fa92006a/La-percepcion-de-la-playa-como-un-elemento-importante-para-la-certificacion-de-playas-limpias-Ejemplo-de-Ensenada-Baja-California-Mexico.pdf

Sandria J., C., Alarcón, R., Muñoz, E., S., Cárdenas, E., S., Alonso, M., A. & Salas, C. (2004), "Construcción y Programación de robots limpiadores con Lego Mindstorms y Java", Universidad de Xalapa. Obtenido de la Red Mundial el 26 de noviembre del 2020, http://www.kramirez.net/Robotica/Material/MindStormsNXT20/Sandria2004-IT_ConstProg_Robots_LegoJava.pdf

Schur, D, & Schur, C. (2007), "Sensores - Lógica de atascos", ROBOTS-pasión por la robótica en Argentina. Obtenido en la red mundial el 26 de noviembre de 2020. http://robots-argentina.com.ar/Sensores_deteccion-de-trabas.htm

Segura, D., Noguez, R. y Espín, G. (2007), "Contaminación ambiental y bacterias productoras de plásticos biodegradables", Biotecnología 14. Obtenido en la Red Mundial el 1 de octubre del 2020, https://www.researchgate.net/publication/242144167_Contaminacion_ambiental_ y_bacterias_productoras_de_plasticos_biodegradables

Silva, J., & Brito, M. (2013), "Diseño y construcción de prototipo de moto-oruga", Escuela Politécnica del Ejército Extensión Latacunga. Obtenido en la Red Mundial el 26 de noviembre del 2020, http://repositorio.espe.edu.ec/xmlui/bitstream/handle/21000/6381/T-ESPEL-CDT-0996.pdf?sequence=1&isAllowed=y

Vázquez, A. Cruz, A., Álvarez, J., Rosado, V., Beltrán, M., Mendoza, M., Espinosa, R. & Velasco, M. (2020), "Monitoreo de micro plásticos en playas", ResearchGate. Obtenido en la Red Mundial el 1 de octubre del 2020, https://www.researchgate.net/profile/Alethia_Vazquez/publication/343322519_Mo nitoreo_de_microplasticos_en_playas/links/5f23027592851cd302c91997/Monitor eo-de-microplasticos-en-playas.pdf

Vizcarra, S., I. (2019), "Diseño e implementación de un sistema de monitoreo inalámbrico de bancos de baterías utilizando en Arduino Mega 2560", Universidad Tecnológica del Perú. Obtenido en la Red Mundial el 26 de noviembre de 2020, http://repositorio.utp.edu.pe/bitstream/UTP/2544/1/Saul%20Vizcarra_Trabajo%20 de%20Suficiencia%20Profesional_Titulo%20Profesional_2019.pdf

Xhafa F., Alcocer Vázquez P. P., Marco Gómez J., Molinero Albareda X. & Martín Prat A. (2006), "Programación en C++ para ingenieros", Editorial THOMSON. Obtenido de la Red Mundial el 29 de Octubre 2020, https://books.google.es/books?hl=es&lr=&id=KUl9OqsCYOQC&oi=fnd&pg=PR3& dq=info:XLXyBL-qPBgJ:scholar.google.com/&ots=Db9ChqeyjN&sig=H_NI38ytsTXyBJnEqwJxZM DflP4#v=onepage&q&f=false

CON GRIN SUS CONOCIMIENTOS VALEN MAS

- Publicamos su trabajo académico, tesis y tesina

- Su propio eBook y libro - en todos los comercios importantes del mundo

- Cada venta le sale rentable

Ahora suba en www.GRIN.com y publique gratis